# VENISE
# ET SON CLIMAT

PAR

Édouard CAZENAVE

DOCTEUR EN MÉDECINE DE LA FACULTÉ DE PARIS,
MEMBRE CORRESPONDANT DE L'ACADÉMIE ROYALE DE MÉDECINE DE MADRID, ETC.;
Médecin consultant aux Eaux-Bonnes.

PARIS

HENRI PLON, IMPRIMEUR-ÉDITEUR
RUE GARANCIÈRE, 8

1865

# VENISE ET SON CLIMAT.

PARIS. — TYPOGRAPHIE DE HENRI PLON
IMPRIMEUR DE L'EMPEREUR
RUE GARANCIÈRE, 8.

# VENISE

## ET SON CLIMAT

PAR

### Édouard CAZENAVE,

DOCTEUR EN MÉDECINE DE LA FACULTÉ DE PARIS,

MEMBRE CORRESPONDANT DE L'ACADÉMIE ROYALE DE MÉDECINE DE MADRID, ETC.,

MÉDECIN CONSULTANT AUX EAUX-BONNES.



## PARIS,

**HENRI PLON, IMPRIMEUR-ÉDITEUR,**

8, RUE GARANCIÈRE.

1865

# VENISE ET SON CLIMAT.

« C'est un navire à l'ancre en forme de cité. »
Méry.

Au nombre des localités favorisées du ciel qu'on nomme stations médicales, dont les avantages climatériques sont pour les médecins une source féconde d'applications thérapeutiques, et pour les malades une garantie toujours certaine, sinon de guérison, du moins de soulagement, il n'en est peut-être pas de moins bien connue, je dirai même de plus faussement appréciée que Venise. Et cependant avec ses vertes lagunes où se reflètent de somptueux palais, son ciel resplendissant de lumière et de limpidité, son air tiède et doux dont les grands vents viennent si rarement troubler le calme, sa température uniforme, l'antique cité des Doges est bien loin de mériter l'injuste oubli où l'ont laissée la plupart des climatologistes, et moins encore de justifier les préventions que son climat inspire au plus grand nombre des médecins.

En entreprenant l'étude climatologique de la ville de Venise, je n'ai certainement pas la prétention d'aborder le premier un terrain encore inexploré;

d'autres l'ont déjà parcouru avant moi et avec succès : en Italie, MM. Traversi (1), Namias (2) et Schouw (3); en France, mon distingué confrère et ami M. Carrière (4). Les travaux de ces honorables observateurs rendent donc ma tâche plus simple, et mon rôle plus modeste. Vulgariser les données climatologiques déjà émises sur cette intéressante station, et les corroborer de mes observations personnelles, tel est le but que je me suis proposé.

Située par le 45°,4 de latitude N. et le 30° de longitude O., bâtie sur un archipel d'îles et d'îlots, au milieu d'un vaste épanchement palustre qu'on nomme *Lagunes*, Venise apparaît aux yeux du voyageur surpris comme une ville sortant du fond des eaux. Ici, point de plage ni de côtes qui se profilent à l'horizon, et qui découpent l'azur du ciel. C'est une cité flottante au milieu d'une immense nappe d'eau, que ride à peine le souffle de la brise. Venise affecte la forme d'un grand triangle dont la pointe tournée vers le S. E. s'appuierait sur un long cordon sablonneux qui ferme l'entrée du golfe vénitien et que l'on désigne du nom de *Lido* (Rivage). Par sa base elle offre une exposition septentrionale, et par ses côtés elle regarde le N. E. et le S. O. Quelques îles,

---

(1) Dr Tassinari : *Du climat de Venise*, 1847.

(2) Dr Namias : *Delle condizione di Venezia in cio che risguarda la vita e la saluta dell' uomo.*

(3) S. F. Schouw : *Tableau du climat de l'Italie*, 1839.

4) Dr E. Carrière : *Du climat de l'Italie*, 1849.

*San-Giorgio in Alga, San-Secondo* et *San-Angelo*, s'interposent entre la ville et la terre ferme. Quant aux autres, telles que *San-Giorgio-Maggiore* et la *Giudecca*, elles se pressent autour de la pauvre reine déchue comme autant de satellites, protégeant la cité des lagunes, sinon contre les vents, du moins contre les flots de l'Adriatique dont elles modèrent l'élan. Deux grands canaux, celui de la Giudecca et le Grand Canal (*Canal Grande*), traversent Venise du S. E. au N. O., c'est-à-dire dans le sens de son plus grand diamètre. Le premier, large comme un fleuve à son embouchure, mais restreint dans son parcours, s'appuie par une de ses rives sur l'île de la Giudecca, et de l'autre sur *Ponte Lungo* et le quai des *Zattere* où j'aurai occasion de ramener le lecteur. Le Grand Canal, plus étroit, plus sinueux, mais plus étendu, part comme le précédent du grand bassin, en face de San Giorgio; et, prenant la direction O. N. O., va sillonner de ses courbes gracieuses la partie centrale de Venise. Après avoir décrit trois grands détours dont l'ensemble forme une *S* italique, cette grande artère va se terminer à l'île de *San Chiara*, non loin du débarcadère du chemin de fer, après un parcours de 3,750 mètres, envoyant sur sa rive droite, dans la direction du N., un grand embranchement (*Canarreggio*). C'est sur les deux rives de cette grande voie que se dressent de majestueux palais, dont les noms seuls rappellent tout un passé de gloire et de grandeur. Ces fastueuses demeures où resplendissaient jadis les richesses de l'Orient, où les accents joyeux des fêtes se mêlaient aux bruits harmonieux des sérénades, dorment aujourd'hui plongées dans un morne silence, que trouble seul du bruit de ses rames le pauvre gondolier. Heureux encore quand ces palais ne se voient pas indignement transformés en casernes ou en auberges par l'insolence du Croate ou l'avidité du spéculateur. Considérée dans son ensemble topographique, Venise se trouve donc partagée par le Grand Canal en deux groupes d'îles d'une inégale étendue, dont le plus septentrional reçoit les influences du continent, et l'autre, tourné vers le midi, les tièdes vapeurs de l'Adriatique. Trois ponts, dont le plus célèbre, hardiment construit d'une seule arche, est ce Rialto tant chanté dans nos romances, mettent en communication les deux rives. Ces deux groupes sont eux-mêmes sillonnés en tous sens par un inextricable réseau de ruelles tortueuses et d'étroits canaux, qui tous conduisent dans la lagune. Quatre cent cinquante petits ponts ou passerelles, jetés sur ce lacis de canaux, relient entre elles cette multitude de petites îles. C'est notamment sur l'une d'elles que repose le quartier Saint-Marc avec ses merveilles architecturales. C'est sur la *Piazza San-Marco,* jadis si bruyante et si gaie, que se dressent côte à côte dans toute leur magnificence la basilique de Saint-Marc, cette Sainte-Sophie de l'Occident, dont les richesses artistiques dépassaient tout ce que l'imagination peut rêver, et ce majestueux palais Ducal, chef-d'œuvre de Philippe Calendario, dont l'aspect sévère et grandiose plonge l'esprit dans un monde de souvenirs. Dans le prolongement méridional de la *Piazza*, qu'elle coupe à angle droit, s'ouvre une seconde place moins étendue sur laquelle planent, du haut de leurs colonnes de granit, le lion ailé de saint Marc et saint Théodore avec sa lance et son crocodile. La *Piazzetta* sert de point de départ à une longue bordure de quais que la lagune baigne de ses eaux tièdes et que le soleil dore de ses rayons. C'est le quai des Esclavons (*degli Schiavoni*), qui, avec celui des *Zattere,* offre aux malades un refuge aussi sûr que précieux contre le souffle sec et cru du N. E. Toutes les maisons sont bâties sur pilotis, le terrain de Venise étant exclusivement constitué par une alluvion dont les sables fluides et argileux ne comportent pas d'autre système de fondation.

Ce qui frappe tout d'abord le voyageur qui arrive à Venise, c'est un calme profond, un silence en quelque sorte sépulcral. Pour moi, difficilement j'oublierai l'étrange impression que me causa la vue de cette ville fantastique, le soir de mon arrivée, quand, par une nuit sans étoiles, assis au fond d'une gondole, je me sentis glisser silencieusement sur l'onde noire et immobile de la lagune, à travers l'indescriptible dédale de canaux étroits et tortueux — ces rues de Venise, — côtoyant de grands palais mornes et muets qui semblent habités par des om-

bres, passant sous des voûtes sombres et mysté-
rieuses. Je croyais voir une vaste nécropole; et mon
esprit se reportait involontairement vers ce Campo-
Santo de Pise qui, du moins, n'a pas la prétention
d'être l'asile des vivants.

Si Venise nous surprend par la singularité de sa
physionomie, elle ne nous étonnera pas moins par
l'étrangeté de sa constitution climatérique. Ainsi, par
une bizarrerie inexplicable ailleurs que dans un pays
où tout est surprise et imprévu, nous verrons que les
observations climatériques donnent des résultats dia-
métralement opposés à ceux que la nature du sol,
les conditions hydrographiques et atmosphériques de
cette singulière ville feraient tout d'abord supposer.
Pour pouvoir nous rendre compte de cette apparente
contradiction, et saisir la manière dont se comportent
sous le ciel vénitien les trois grands modificateurs de
tout climat : le sol, les eaux et l'atmosphère, il est
absolument indispensable que j'entre préalablement
dans quelques détails sur les conditions géologiques
des côtes de l'Adriatique et du golfe de Venise, qui
en occupe l'angle occidental.

La chaîne des Alpes décrit de Nice à Fiume sur
le golfe Quarnero, c'est-à-dire de l'O. à l'E., un
grand arc de cercle de 200 lieues environ, à concavité méridionale, et qui se dresse comme un mur
gigantesque entre la Péninsule et le Continent. Au
point culminant de la chaîne se détache une masse
montagneuse qui, courant vers le S. O., va couvrir

la frontière Lombardo-Vénitienne jusqu'aux environs du lac de Garda, tandis que le grand système Alpestre, poursuivant sa marche vers l'E., se contourne sur lui-même à son entrée dans la Carniole pour prendre définitivement la direction S. E., qu'il conserve jusqu'à sa terminaison. Par suite de cette disposition orographique, le groupe oriental des Alpes (Carniques et Juliennes) se trouve circonscrire une vaste enceinte semi-circulaire qui forme la Vénétie et le golfe de Venise. Du haut de ces cimes que couronnent des neiges éternelles descendent de nombreux cours d'eau : les uns, tels que l'Isonzo, le Tagliamento, la Livenza et la Piave, courant du N. au S., vont se jeter au N. du golfe de Venise ; les autres, comme l'Adige, le Pô, la Brenta, nés dans les glaciers du Tyrol ou dans les gorges des Alpes Noriques, coulent de l'O. à l'E., et convergeant aussi vers l'Adriatique, gagnent la partie méridionale du bassin vénitien. Dans leur cours torrentiel et rapide, ces différents fleuves charrient des amas considérables de terres limoneuses, de sables et de cailloux roulés. Mais à mesure que ces masses fluviatiles s'avancent vers la mer, elles se trouvent ralenties, entravées dans leur marche par deux obstacles : la résistance que leur opposent les flots de la Méditerranée et le souffle puissant du Siroco (S. E.). Dès lors, d'un côté poussées en avant par le cours impétueux des fleuves, et de l'autre refoulées par les flots de l'Adriatique, que vient seconder le vent sirocal, ces terres d'alluvion ainsi sollicitées par des forces opposées, se sont lentement déposées au fond des eaux, dont elles ont graduellement élevé le lit, et formé à l'embouchure des cours d'eau des atterrissements considérables. Ceux-ci, en augmentant de volume, ont fini par constituer une forte digue, une barre infranchissable contre laquelle est venue se briser l'impétuosité des fleuves. Brusquement arrêtés dans leur marche, tous ces grands cours d'eau se sont jetés dans les campagnes voisines, qu'ils ont sillonnées de leurs bras nombreux, et qu'ils ont transformées en immenses marécages. Aussi le littoral de l'Adriatique n'est-il qu'une vaste alluvion toute couverte d'épanchements lacustres et de bas-fonds plus ou moins navigables. Cette disposition géologique est surtout appréciable dans le large delta qui s'étend entre l'embouchure du Pô et du Tagliamento.

Des phénomènes géologiques identiques durent indubitablement présider à la constitution du golfe de Venise. Les masses détritiques que charriaient les fleuves, forcées par la résistance que leur opposaient l'Adriatique et les vents du midi à refluer dans l'enceinte du golfe, s'y accumulèrent et y formèrent des atterrissements sablonneux plus ou moins considérables. Les uns, plus avancés du côté de la mer, se trouvant soumis à la double pression des courants descendant du Nord et de l'Occident, affectèrent une disposition géologique particulière, et formèrent de la sorte cette grande chaîne d'îles qui s'étend comme une longue digue à l'entrée de la lagune, et dont *San-Erasmo, Brandolo, Malamocco, Palestrina* et *Chioggia* dessinent le rivage maritime. D'autres, plus au centre du golfe, se réunirent et constituèrent un archipel de bancs de sable qui devait un jour servir d'emplacement à cette fière République de Venise qui domina l'Italie, s'empara de Constantinople, et opposa une héroïque résistance à toute l'Europe liguée contre elle.

Je terminerai ce court aperçu géologique des côtes de l'Adriatique et du golfe de Venise par une étude détaillée de la constitution physique de la Lagune.

Ce vaste épanchement palustre, au milieu duquel s'élève la cité des Doges, joue dans la climatologie vénitienne un rôle tellement important, tellement décisif, que, sans une notion exacte de sa topographie, il serait difficile non-seulement de comprendre le climat de cette ville, mais même de le supposer susceptible d'une application thérapeutique quelconque. Déjà dans une note adressée à l'Académie des sciences, M. Grimaud de Caux, mettant à profit les observations qu'un séjour prolongé à Venise lui a permis de faire, a donné un aperçu concis de la constitution de la Lagune (1). Avec une courtoisie pour laquelle je le prie d'agréer ici mes

---

(1) Grimaud de Caux (*Note sur la constitution physique de la lagune et sur les moyens qu'elle suggère pour restituer la Tamise dans des conditions de salubrité*).

(Comptes rendus de l'Académie des sciences.)

remercîments, ce judicieux observateur a bien voulu mettre à ma disposition de précieux renseignements, qui, joints à ceux que j'ai pu recueillir moi-même sur les lieux, m'ont permis de donner sur cet intéressant sujet un travail à peu près complet.

La lagune vénitienne (lago, lac) est constituée par un vaste marais qui affecte la forme d'un grand segment de cercle, dont l'arc serait représenté par la courbe que décrit la terre ferme depuis l'île de Brandolo, vers l'embouchure de la Brenta, jusqu'à Isolo, à l'embouchure du Sile et de la Piave, et la corde par une longue chaîne de terres basses, qui défendent du côté de la mer l'entrée du bassin. Ce long cordon sablonneux rappelle par sa disposition géologique les zones de terre qui s'étendent à l'entrée du Zuyderzée, en Hollande. On le désigne du nom de *Lido*. Il remplit vis-à-vis du golfe vénitien. l'office d'une forte digue destinée, comme je l'ai déjà dit, à modérer l'élan des vagues de l'Adriatique. Il présente une longueur de 10 lieues sur un demi-mille environ de large. Formée par les atterrissements combinés des fleuves et de la mer, cette chaîne de bancs de sable se trouve interrompue dans sa continuité par des brisures (Porti), sortes d'écluses naturelles qui permettent l'entrée des flots dans la lagune, et leur sortie à l'heure du reflux. Ces passes sont au nombre de cinq, et délimitent cinq grandes îles : San-Erasmo, Brandolo, Malamocco, Palestrina et Chioggia, dont le littoral maritime est défendu contre l'impétuosité des lames de l'Adriatique par des *murazzi*, fortes murailles de pierre d'Istrie, dont les plus célèbres sont celles de Palestrina. Ainsi enclavée, la lagune s'étend le long du rivage de l'Adriatique, entre les 45°10′ et 45°3′ de latitude N., et les 29°47′ et 30°20′ de longitude E. au méridien de l'île de Fer. Elle mesure en longueur du S. O. au N. O. 32 mètres géographiques de 60 au dégré (environ onze lieues marines de France), et présente une largeur qui varie entre 4 et 8 milles.

Lorsqu'à l'heure du flux de la marée la vague pénètre dans la lagune par les cinq ouvertures déjà désignées, elle s'y distribue et s'y étale, creusant un chenal plus ou moins profond, et entraînant dans le sens de son courant des masses de terre et de sable qui gisent au fond du bassin. Or, comme le mouvement de déplacement provoqué par l'expansion des flots s'effectue sur plusieurs points de la lagune à la fois, il arrive nécessairement que ces bancs de sable ainsi mobilisés se rencontrent dans certains endroits déterminés, s'entre-choquent, et constituent des atterrissements sous-marins, qui, sous l'influence du travail incessant des vagues, affectent une disposition géologique particulière. Les courants opposés en se rencontrant dessinent des lignes de faîte qui limitent en réalité deux vallées contiguës et que l'on nomme *Parti acqua;* elles sont surtout visibles au moment où les flots se retirent. (Grimaud de Caux.) Des études hydrographiques ont démontré aux ingénieurs que ces masses détritiques, par leur lente accumulation, ont formé sous les eaux des collines sablonneuses qui, gagnant graduellement en niveau, ont fini par délimiter au fond des lagunes de grands espaces creux, vastes bassins qui sont au nombre de trois. Le plus méridional comprend le *valle di Brenta*, et confiné à l'E. à l'île de Chioggia et à Palestrina (lagune de Malamocco). Le second, tout à fait au nord de la lagune, s'étend dans l'espace compris entre le littoral de San-Erasmo, la Pointe du Lido, à l'E., aux environs des îles de Burano et Murano, au S., va se terminer aux *Paludi di Cona* et *del Monte*, au point septentrional extrême de la lagune (lagune d'Altino). C'est au milieu du troisième que s'élève Venise. Placé entre ces deux précédents, borné à l'E. par le littoral de Malamocco, il occupe la partie centrale de la lagune. Ces trois grands bassins appelés *Fondi* sont toujours recouverts par les eaux, tandis que les autres parties de la lagune présentent des degrés variables d'immersion : ainsi, dans certains points ils forment de véritables marais à fleur d'eau, dont la surface fangeuse et parsemée d'algues et de fucus ne dépasse guère que de quelques pouces le niveau des marées ordinaires. On les désigne alors du nom de *Barène*. Moins élevés en d'autres endroits, ces épanchements palustres disparaissent entièrement sous les eaux au moment du flux. Ce sont les *Velme* (*melma,* boue); le fond en est sablonneux et constamment lavé par les eaux.

Examinons maintenant le mode de distribution des flots à leur entrée dans la lagune, et les divers courants qu'ils y déterminent.

Le golfe de Venise, avons-nous dit, se trouve en communication avec l'Adriatique au moyen de cinq ouvertures : mais, vu l'étroitesse relative de deux de ces passes, il n'y en a par le fait que trois, celles du Lido, Malamocco et de Chioggia, qui aient une véritable importance dans la question qui nous occupe. La vague, en franchissant le premier de ces pertuis, forme un grand courant, qui se divise tout d'abord en deux branches : l'une, la principale, contourne le fort *San-Nicolo del Lido*, passe devant les deux îles de *Certosa* et de *San-Elena*, et, décrivant une courbe à concavité nord, s'avance vers Venise, longe le quai des Esclavons, et entre dans le canal de la Giudecca, à l'extrémité duquel elle se bifurque, à la hauteur de *San-Giorgio in Alga*, en deux canaux secondaires (canal Vecchio et canal Nuovo), pour aller se réunir à Fusine : c'est le canal *San-Marco ;* la seconde, à son entrée dans la lagune, prend la direction N., passe entre les deux îles Certosa et San-Elena, et forme le canal de *Murano*. Ces deux grands courants décrivent ainsi un grand cercle, dont Venise occupe le centre.

Le second grand courant que sillonne la lagune vénitienne est celui que l'Adriatique décrit à son entrée par la passe de Malamocco. Après avoir doublé la pointe de cette île, le courant se divise en trois grandes branches ou canaux, dont le plus septentrional côtoie le littoral occidental de Malamocco jusqu'à *Poveglia*, tandis que les deux autres, se dirigeant vers le S. E., vont constituer les deux canaux de *Fisole* et de *Spignori*, dont les nombreuses subdivisions vont se perdre dans le *valle di Sette Morti*.

Enfin, par la troisième passe que commandent les forts de *Caroman* et de *San-Felice*, entre Palestrina et Chioggia, se développe avec toutes ses sinuosités un grand et dernier canal, dont une des branches gagne le N., en décrivant une grande courbe à convexité méridionale, sous le nom de canal de *Perognola*, tandis qu'il envoie un réseau de petites branches qui aboutissent dans les *valle Vecchia dell' asco* et *della Dolce*, non loin de Chioggia. Ainsi constituée, la lagune doit naturellement changer d'aspect avec les alternatives de flux et de reflux de la mer. A marée haute, c'est un immense miroir que rident à peine de leurs lignes onduleuses les canaux sous-marins ; à marée basse le spectacle change : de nombreux îlots fangeux apparaissent çà et là au milieu des grands bassins, avec leurs touffes de fucus et de roseaux, séparés entre eux par des canaux et des bas-fonds navigables en tout temps.

Les détails hydrographiques dans lesquels j'ai été forcé d'entrer nous démontrent clairement la manière dont s'est formée la lagune de Venise ; mais ils ne suffisent pas à nous expliquer comment ce vaste

épanchement lacustre a pu seul se soustraire aux atterrissements des fleuves et aux empiétements du
continent, et se maintenir depuis tant de siècles
dans son intégrité, quand, non loin de lui, Ra-
venne, qui, ainsi que Venise, se mirait jadis aussi
dans ses lagunes, s'est vue un jour rivée à la terre
ferme (1), quand Adria, qui autrefois ouvrait son
large port aux galères Romaines, se trouve aujourd'hui reléguée à 15 kilomètres dans les terres,
quand enfin Fortis nous apprend que ces monts Eu-
ganéens qui s'élèvent aujourd'hui au S. O. de Padoue formaient autrefois un petit archipel au milieu
des flots (2).

Venise doit cet heureux privilége à une circonstance tout exceptionnelle, et qui se lie à son histoire même. Quand, fuyant épouvantés devant les
hordes d'Attila, les habitants d'Aquilée et de Padoue
vinrent se réfugier sur cet amas de bancs de sable
aride et sauvage, d'où devait un jour sortir la brillante cité des Doges, ils songèrent tout d'abord à se
mettre à l'abri des atteintes des Huns, en empêchant
que les atterrissements des fleuves ne rattachassent
un jour leur retraite à la terre ferme, et que, trahis
ainsi par la nature, ils ne devinssent une fois encore
victimes des fureurs des Barbares. Tranquilles du
côté de la mer, ils creusèrent donc sur le littoral de

---

(1) Strabon.
(2) Fortis.

la terre ferme de grands canaux (taglios), à la faveur desquels, détournant les fleuves de leur lit naturel, ils en rejetèrent les eaux loin des parages de Venise; une partie alla se déverser à l'extrémité méridionale de la lagune, du côté de Chioggia (lagune de Malamocco), et l'autre vers sa partie septentrionale, au-dessus de l'île de *Burano* (lagune d'Altino). Ce furent là des travaux gigantesques qui durèrent plus de trois siècles. En les exécutant, ces *pauvres* pionniers ne se doutaient guère que du même coup ils se fortifiaient contre un ennemi bien plus terrible que les Barbares, les fièvres paludéennes (car les Barbares devaient un jour disparaître, et la fièvre poursuit sans relâche son œuvre de destruction), et qu'ils léguaient à leurs glorieux descendants un héritage doublement précieux, la puissance militaire et un climat salubre.

Parmi les nombreuses voies de canalisation qui couvrent de leur réseau la zone territoriale comprise entre la lagune et la Délégation de Padoue, je citerai : 1° le *Taglio novissimo della Brenta*, qui prend les eaux de la Brenta à Mira, les conduit directement au S. et va les jeter au-dessus de Chioggia, dans ce large espace de la lagune appelé *Valle di Brenta*; 2° le *Taglio de Stra*, qui suit à peu près la même direction vers le S. Parmi ceux qui rejettent les eaux vers le N. de la lagune, je mentionnerai le *Canale dell' Osellino*, qui va se perdre dans les *Paludi di Cona* et *del Monte*, aux environs de l'île de

Burano, par conséquent bien au-dessous du bassin vénitien.

Des considérations hydrographiques qui précèdent découle un fait capital dans la climatologie de Venise : la partie centrale de la lagune, c'est-à-dire celle correspondant au bassin central sous-marin, au milieu duquel se trouve bâtie la ville des Doges, n'est exclusivement alimentée que par l'eau de la mer ; la mince portion de la Brenta qui se rend dans le canal de la Giudecca n'ayant d'autre importance que de favoriser par son courant la navigation de Fusine à Padoue, et d'alimenter la *Seriola* (1).

Jetons maintenant un coup d'œil sur les conditions hypsométriques qui régissent la ville des Lagunes.

Baignée de tous côtés par sa lagune, Venise se trouve défendue au N. par un mur de granit dont les Alpes Carniques et Tyroliennes constituent les premières assises. Abritée à l'O. par les chaînons secondaires qui, en se détachant du grand système alpestre, couvrent la frontière Lombardo-Vénitienne, et plus faiblement au S. O., par les pitons éloignés des Apennins, Venise est largement ouverte du côté du Midi aux tièdes et humides émanations que lui apportent les flots de l'Adriatique. Mais c'est dans sa partie orientale, du N. E. au S. E., que ses moyens

---

(1) La *Seriola* est, en effet, un petit canal de dérivation qui conduit l'eau douce à Venise, et qui sert à alimenter les citernes de la ville.

de défense faiblissent. Cette absence de protection dépend de l'abaissement de niveau que subit la ligne orographique des Alpes en pénétrant dans les plaines de la Carniole et de la Dalmatie, et des brèches profondes qui en accidentent la continuité.

Bien qu'il n'ait pas été publié sur l'assiette anémométrique de la ville de Venise de tables spéciales et complètes, l'ouvrage de J. F. Schouw gardant à cet égard un silence complet (1), je suis fondé à établir que dans l'ordre de fréquence le vent N. E. (Bora) tient le premier rang; vient immédiatement après le S. E. (Siroco). Arrêtés dans leur course par les pitons élevés des Alpes occidentales et des Apennins, les vents d'O. et leurs dérivés n'arrivent que difficilement à Venise. Quant au N. plein et au N. E. (Mistral de la Provence, Tramontana des Romains), les Alpes centrales et orientales leur opposent, par leurs masses imposantes et serrées un obstacle infranchissable. C'est donc entre le N. E. et le S. E. que se concentre, sous le ciel des Lagunes, le jeu anémographique des courants aériens. Mais de ces agents météorologiques, c'est bien sans contredit au N. E. que revient le rôle le plus important, ainsi que l'a très-judicieusement fait remarquer M. le docteur Carrière (2). En effet, si, à Venise comme à Cannes, à Nice, à Manton, à San-Remo, et dans toute cette série

---

(1) Ouvrage cité.
(2) Ouvrage cité.

d'oasis de verdure échelonnées le long de la rivière de Gênes, ce vent se présente avec cette sécheresse froide, cette crudité incisive qui le caractérisent, loin de produire, comme dans les stations de la zone méditerranéenne, la perturbation, il exerce, au contraire, dans la climatologie vénitienne une influence aussi précieuse que salutaire. En arrivant à Venise, encore tout glacé au contact des neiges qui couvrent les Alpes Carniques et Juliennes, il fait immédiatement baisser la température; balayant de son souffle sec et rapide les nuages amoncelés dans le ciel, il dissipe les vapeurs qui flottent sur la lagune, éclaircit l'atmosphère et refoule au loin vers le continent les miasmes paludéens qu'apportent avec eux les vents du Midi. On le voit donc, le vent N. E. peut être, à juste titre, considéré comme le grand purificateur de l'atmosphère vénitienne. Sans sa précieuse intervention, Venise, exclusivement livrée à l'action énervante et chaude du Siroco (S. E.), deviendrait une station non-seulement funeste aux malades, mais même inhabitable pour des gens bien portants. Promptement envahi par les émanations miasmatiques, le golfe de Venise ne tarderait pas à se transformer en un foyer pestilentiel. Telle est précisément la grave objection que l'on peut adresser au climat de Valence. On sait, en effet, que sur la côte Espagnole le souffle chaud et humide du Siroco, suractivé dans ses effets par les effluves marécageuses dont il s'imprègne en traversant les plaines de la *Huerta,* arrive librement jusqu'à Valence sans être contrebalancé par l'antagonisme des vents septentrionaux auxquels un mur de granit barre le passage. Aussi ce défaut de contre-poids, en laissant une entière prépondérance aux influences méridionales, rend-il le climat de la station Espagnole le plus humide et le plus hyposthénisant de la zone maritime (1). Il y a donc quelque chose de providentiel pour Venise dans l'antagonisme permanent qui règne entre le N. E. (Bora) et le Siroco (S. E.), dans ce balancement oscillatoire des influences stimulantes du Nord et des effets énervants du Midi.

Chaud et humide, conséquemment dépressif, le S. E. (Siroco de Venise, Levante de la côte Andalouse) rencontre à son arrivée à Venise deux larges voies qui lui donnent un libre accès dans la ville, le *Canal Grande* et celui *de la Giudecca.* Souffle-t-il avec violence, il refoule dans la lagune les vagues de la mer et fait barre à l'entrée du bassin. Aussi n'est-il pas rare dans les jours où règne un fort Siroco de voir les eaux du grand bassin passer par-dessus le quai des Esclavons et inonder la place Saint-Marc. Si le N. E. purifie le ciel, le S. E. en voile la transparence. Son haleine tépide fait immédiatement monter le thermomètre et baisser la colonne barométrique. M. le docteur Carrière me disait avoir

---

(1) *Du climat de l'Espagne,* docteur E. Cazenave, 1864.

observé maintes fois que ce vent, loin de jeter l'organisme dans cet accablement et cette profonde prostration qui sont les signes caractéristiques de son influence sur les côtes de la Méditerranée, exerçait, au contraire, une heureuse détente, un sentiment de véritable bien-être, sur le système nerveux des personnes impressionnables. Je dois dire que pendant mon séjour à Venise j'ai pu vérifier sur moi-même l'exactitude de cette observation.

Quant à ce qui concerne les effets que produisent les vents occidentaux, je ferai remarquer qu'ils jouent dans la climatologie vénitienne un rôle tout différent de celui que nous leur connaissons sur les côtes de l'Andalousie, de la Provence et de la rivière de Gênes. Chauds et humides, précurseurs certains des pluies et des orages dans les contrées ci-dessus signalées, à Venise, au contraire, où ils ne parviennent qu'après avoir franchi la cordilière des Alpes occidentales et des Apennins, ils sont plutôt secs et froids. Cette circonstance est d'autant plus précieuse pour la salubrité de cette station qu'une température plus élevée ne pourrait que favoriser le développement des miasmes paludéens dont ils s'imprègnent en glissant sur les deltas et les vastes maremmes qui couvrent toute la partie sud de la lagune. Comme les vents de mer (E. et S. E.), les vents continentaux trouvent un accès facile dans les deux grandes voies que leur ouvrent du S. E. au N. O. de la ville le Grand Canal et le canal de la Giudecca.

En me résumant, je dirai que peu de stations offrent sous des apparences aussi défavorables une assiette anémographique aussi heureuse que la cité des Lagunes. Nous avons trouvé l'explication de cette sorte de contradiction dans la prépondérance souveraine du N. E. A mesure que nous avancerons dans cette étude, nous verrons que l'importance de cet agent météorologique, loin de s'affaiblir, se révélera sous un jour de plus en plus accentué, et que c'est bien réellement à sa haute influence que le climat vénitien emprunte la physionomie qui le distingue des autres stations.

La ville des Lagunes, par son extrême proximité de la mer, sa presque égalité de niveau avec l'Adriatique, la configuration sinueuse de ses rives, par la protection que lui assure contre les vents du Nord une haute chaîne de montagnes, se trouve placée dans les conditions les plus favorables pour jouir d'une grande douceur de température. En effet, les observations thermométriques du docteur Traversi, corrigées d'après la tabelle de l'abbé Cheminello et portant sur une période de sept années, donnent 13°07′ pour moyenne annuelle à Venise, et pour moyenne saisonnière 3°4′ en hiver, 12°6′ au printemps, 22″8′ en été, et 13°3′ en automne. Si maintenant nous jetons un coup d'œil comparatif sur le tableau synoptique suivant, nous remarquerons que si la moyenne annuelle de Venise est à quelques centièmes de degré près identique avec celle des principales villes de la plaine du Pô, il s'en faut que cette conformité se maintienne dans les moyennes hivernales.

|          | Latitude. | Hauteur | Nombre d'années. | Année. | Hiver. | Printemps. | Été. | Automne. |
|----------|-----------|---------|------------------|--------|--------|------------|------|----------|
| Venise . | 45,4 | 20' | 7 | 13,07 | 3.4 | 12,6 | 22,8 | 13,3 |
| Padoue.  | 45,4 | 77 | 34 | 12,49 | 2,8 | 12,6 | 21,9 | 13,0 |
| Milan. . | 45,5 | 434 | 70 | 12,88 | 2,4 | 12,4 | 22,7 | 13,2 |
| Pavie. . | 45,2 | 316 | 5 | 12,78 | 1,9 | 13,0 | 22,8 | 12,6 |
| Vérone.  | 45,4 | 200 | 9 | 13,78 | 3,4 | 13,6 | 23,6 | 13,7 |
| Turin. . | 45,4 | 857 | 30 | 11,70 | 0,8 | 13,8 | 22,0 | 12,4 |

La situation topographique respective de ces différentes stations explique cette divergence thermométrique. Éloignées de l'Adriatique, disséminées au milieu des plaines de la Lombardie, qui forment un vaste plateau carré, dépourvu de forêts, et limité au nord, à l'ouest et au sud par de hautes montagnes toujours neigeuses, Padoue, Milan, Vérone, Pavie et Turin doivent naturellement présenter le caractère excessif des climats continentaux. Un seul fait nous en donnera la preuve : l'hiver est plus froid à Milan qu'à Paris, tandis que l'été y est aussi chaud qu'à Rome; à Turin, l'écart est encore plus marqué. Au contraire, Venise, baignée par les humides vapeurs qui se dégagent d'une surface de 1,646 myriamètres carrés que forme l'Adriatique, isolée de la terre ferme par l'eau de ses lagunes, également abritée du nord par de hautes montagnes, dont une heureuse distance l'éloigne, doit jouir de la douceur et de l'uniformité de température qui distinguent les climats maritimes. Aussi, la ville des Lagunes est-elle pendant l'hiver la station la plus chaude de la région Padane. D'ailleurs ne savons-nous pas que la mer occupant la région la plus basse du globe, l'air marin en est aussi le plus dense? et comme la capacité de l'air pour le calorique est en raison de sa densité, c'est une raison pour qu'en pleine mer et dans les stations maritimes, comme Venise, on jouisse, à latitude égale, d'une température plus chaude que sur le continent.

Poursuivant notre étude thermométrique, nous trouvons que janvier est le mois le plus froid de l'année, et que juillet et août sont les plus chauds. La moyenne *minima* hivernale est à Venise — 2° 5. Tout inférieur que paraisse ce chiffre, cette station est encore la plus favorisée de l'Italie septentrionale. Toutefois les titres climatériques du ciel Vénitien ne se résument pas en un aussi mince résultat. L'avantage le plus précieux du climat des Lagunes, et qui lui donne une supériorité réelle sur les stations de l'Italie continentale et péninsulaire, réside dans la manière égale et uniforme dont se distribue la chaleur dans le cours de l'année. On sait en effet qu'une des plus graves, je dirai même la plus grave objection que l'on puisse faire en général à un climat, découle précisément des écarts brusques, des transitions subites que peut présenter sa température diurne, nocturne et saisonnière. A Venise, l'amplitude moyenne des oscillations thermométriques observées

en hiver est représentée par le chiffre 14, 9 (1). Si
on la compare à celle des principales villes de l'Italie, on trouve que la station de l'Adriatique, à l'ex-
ception de Messine, est sous ce rapport la mieux
partagée de toute l'Italie. Ainsi, à Nice, à Rome, à
Naples et à Palerme, la moyenne des écarts est de
14° 9, 15° 3, 14° 7, 15° 4, c'est-à-dire écarts bien
plus marqués qu'à Venise. Enfin, pour clore cet
aperçu thermométrique, mettons en regard la
moyenne des extrêmes observées pendant les quatre
saisons à Venise et la moyenne constatée par Schouw
dans les différentes villes de l'Italie, et nous recon-
naîtrons encore que la cité des Lagunes conserve sur
les villes précitées une supériorité incontestable. On
peut s'en convaincre en jetant un coup d'œil comparatif sur ce tableau :

______________________________________________

(1) Schouw, ouvrage cité.

*Écartement entre les moyennes des extrêmes.*

|  | Hiver. | Printemps. | Été. | Automne. |
|---|---|---|---|---|
| Venise.............. | 11,9 | 14,3 | 14,1 | 14,5 |
| Trieste............. | 13,8 | 15,7 | 12,9 | 13,9 |
| Padoue ............ | 13,5 | 16,0 | 16,6 | 15,4 |
| Milan ............. | 13,7 | 16,0 | 15,3 | 14,2 |
| Pavie ............. | 16,8 | 18,9 | 18,7 | 17,1 |
| Vérone ............ | 16,7 | 21,2 | 20,4 | 17,8 |
| Turin ............. | 21,0 | 22,9 | 20,5 | 18,7 |
| Florence........... | 15,4 | 17,0 | 16,0 | 16,7 |
| Nice.............. | 14,0 | 19,2 | 16.3 | 15,8 |
| Rome............. | 15,3 | 17,4 | 18,1 | 16,7 |
| Naples............ | 14,7 | 15,9 | 14,5 | 15,5 |
| Palerme. ......... | 15,4 | 19,3 | 17,6 | 17,2 |

Ai-je besoin d'insister plus longuement sur des dispositions thermométriques aussi heureuses, je dirai même aussi exceptionnelles ? N'en saisit-on pas immédiatement l'importance capitale, et ne prévoit-on pas les applications thérapeutiques qui en découlent ? Par cette absence de brusques écarts et de fortes secousses dans les mouvements thermométriques, en un mot par la manière égale et ménagée dont se distribue la chaleur annuelle à Venise, la ville des Lagunes échappe au reproche que j'adresse à toutes les stations des côtes de la Méditerranée, et dont plus d'un malade vérifie chaque année à ses dépens la trop grande exactitude.

D'après les observations recueillies pendant une période de sept années par le docteur Traversi, on compterait à Venise une moyenne annuelle de soixante-

quinze jours de pluie, représentée par une hauteur
pluviométrique de 933 millimètres. Quand les observations portent sur une période plus étendue, elles ont
donné une moyenne inférieure. Si on compare ces
résultats à ceux qui sont consignés dans les tables
hydrométriques de Schouw concernant plusieurs
villes de l'Italie, on sera véritablement surpris de
trouver que Venise est une des stations les moins
pluvieuses. Ainsi :

A Padoue, pendant une période de 19 ans, on
compte annuellement en moyenne 128 jours de
pluie;

|  | ans. | jours. |
|---|---|---|
| à Turin. . . . . . . . . . . . . . . . . . | 66 | 86 |
| à Vérone. . . . . . . . . . . . . . . . . | 26 | 104 |
| à Rome. . . . . . . . . . . . . . . . . . | 39 | 114 |
| à Palerme. . '. . . . . . . . . . . . . . | 24 | 74 |
| à Florence. . . . . . . . . . . . . . . . | 15 | 115 |
| à Pau, docteur Taylor. . . . . . . . . . | 5 | 122 |
| à Amélie-les-Bains, docteur Artigues. | 1 | 82 |

Cette singularité trouve encore sa raison d'être
dans le rôle que joue le vent N. E. dans l'atmosphère
vénitienne. Antagoniste des vents du midi, le N. E.,
ainsi que je l'ai déjà dit, en arrivant dans la lagune, refoule vers la terre ferme les nuages et les
brumes que ces derniers entraînent avec eux, tandis
que, par la sécheresse et la froideur de son souffle,
il entretient la transparence aérienne, en retardant
la condensation des vapeurs suspendues dans l'at-

mosphère. Comme dans toute l'Italie Transpadane, l'automne, à Venise, est la saison des pluies. Quant à la neige, ce phénomène météorologique s'y produit rarement. Aussi le docteur Traversi n'accuse, dans une période de sept ans, que cinq jours et demi de neige.

A la vue de cette ville qui flotte au sein des eaux, on serait naturellement porté à croire que son climat doit être excessivement humide; on se tromperait, car la tension hygrométrique de l'air des lagunes est moins élevée qu'à Pise, à peu de chose près la même qu'à Rome, et souvent inférieure à celle du ciel Napolitain, sur la sérénité duquel on se fait généralement une étrange illusion. A quelle cause rattacher cette nouvelle bizarrerie du climat Vénitien? Encore une fois au rôle souverain que joue ce même vent N. E., dont l'haleine âpre et desséchante dépouille l'atmosphère des amas de vésicules aqueuses qui se dégagent sans cesse à la surface des eaux, et qu'entraînent avec elles les brises de mer.

La pression atmosphérique à Venise est en moyenne de 757 millimètres (1). Elle est, pour ainsi dire, identique avec celle observée à Paris (756, 414) (2), plus élevée qu'à Padoue (756), qu'à Milan (752). La différence est encore plus marquée avec Rome (531). C'est encore sous l'influence du vent N. E. que se

---

(1) Traversi.
(2) Bouvard, *Mémoires de l'Institut.*

produit cette déviation barométrique. On sait en effet, depuis le physicien Lambert (1771), que la pression de l'air varie suivant la direction des vents régnants; ce qui permet d'établir une rose des vents barométrique. Or, l'observation a démontré que la colonne barométrique monte quand les vents du nord soufflent, et qu'elle baisse sous l'influence des vents du midi, c'est-à-dire que les vents froids augmentent la pression, tandis que les vents chauds la diminuent (1). La prépondérance du N. E., dans l'atmosphère de Venise, nous donne donc l'explication de la hauteur relativement élevée à laquelle se maintient la moyenne barométrique sous le ciel des lagunes.

L'esquisse météorologique que je viens de donner de l'atmosphère Vénitienne nous démontre jusqu'à l'évidence que j'avais quelques raisons de considérer le vent N. E. comme la clef de voûte, la pierre angulaire du climat de Venise. L'importance du rôle que joue dans l'atmosphère des lagunes cet agent anémographique a été déjà reconnue avant moi par M. le docteur Carrière (2), et, avant mon honorable confrère, par le physicien G. Filiasi qui la signalait déjà en 1794 à l'attention. J'ai déjà suffisamment insisté sur l'influence prépondérante que ce vent exerce

---

(1) Becquerel, *Éléments de physique terrestre et de météorologie,* 1847.

(2) Ouvrage cité.

sous le ciel Vénitien; j'ajouterai seulement que c'est
à son heureuse intervention que Venise est en partie
redevable de l'immunité dont elle jouit contre l'invasion des fièvres paludéennes qui déciment les popu-
lations des îles environnantes. La restriction que
j'établis en ce qui concerne l'action préservatrice du
vent N. E. dans l'impaludation des lagunes m'amène
à rechercher la cause principale et véritablement
efficiente de cette immunité. Je l'ai laissé pressentir
au début de ce travail en étudiant la constitution
physique de la lagune.

En parlant des nombreuses voies de canalisation
que les premiers fondateurs de Venise construisirent,
il y a plusieurs siècles, en vue de se préserver de l'invasion des Barbares, je disais que ces mêmes travaux
devaient un jour préserver leurs descendants de
l'invasion des fièvres des marais. En effet, les grands
canaux ou *Taglios*, en détournant le cours des fleuves
et en rejetant les eaux aux deux extrémités S. et N.
de la lagune (lagune da Malamocco, lagune d'Altino), empêchent les eaux fluviales de se déverser
dans la partie centrale de la lagune, c'est-à-dire dans
le bassin vénitien, et s'opposent ainsi à ce qu'il ne
s'opère dans ce point un mélange entre les eaux
douces des fleuves et les eaux de la mer. On conçoit
promptement la portée hygiénique de ce fait et les
avantages qui doivent en résulter pour la salubrité
de Venise. Il est en effet admis en pathologie palu-
déenne que le mélange des eaux douces et des eaux

salées favorise au plus haut degré l'élaboration mias-
matique, et en augmente notablement l'énergie. La
lagune Vénitienne ne reçoit donc pas d'eau douce;
l'eau de la mer seule l'alimente. Cette particularité
hydrographique et le vent N. E. expliquent la salubrité du climat de Venise. On devine aisément, ainsi
que le fait très-judicieusement observer M. Grimaud
de Caux (1), le sort qui eût été fatalement réservé à
une population de 200,000 habitants (aujourd'hui
réduite à 120,000) accumulés sur une surface qui
ne dépasse guère en étendue l'île de la Cité, à Paris,
vivant au milieu des émanations méphitiques qui
devaient nécessairement se dégager de l'énorme amas
de matières organiques en décomposition, de dé-
tritus de toute nature que plusieurs siècles devaient
accumuler au fond des lagunes, si l'eau salée de la
mer, par ses propriétés désinfectantes et antisep-
tiques, et par son renouvellement périodique à
l'heure des marées, ne fût venue au secours de
la cité des Doges. « Là, depuis des siècles, » dit
M. Grimaud, « tout va dans le canal, tout est jeté
» par la fenêtre, au pied des maisons, à l'excep-
» tion des *Scoazze* et des matières solides; la vase
» des canaux n'est point corrompue, et le *Fango*
» que l'on extrait avec la drague pour maintenir
» la profondeur est porté derrière la Giudecca sans
» inconvénient pour la santé publique. Là il se des-

______

(1) Ouvrage cité.

» sèche et finit par procurer des extensions de ter-
» rain (1). »

On le voit donc, le vent N. E. et la constitution de la lagune nous donnent la clef du climat de Venise. Sans une notion exacte du rôle que jouent dans la climatologie de cette station ces deux agents modifi-cateurs, les avantages thérapeutiques du ciel Véni-tien deviendraient une énigme ou une invraisem-blance.

L'air des lagunes renferme-t-il à l'état normal des principes salins en évaporation? M. le docteur Car-rière a entrepris à ce sujet, à l'aide d'un appareil à déplacement, des recherches analytiques qui l'ont conduit à des résultats identiques avec ceux qu'Arago, Forget et nombre d'observateurs avaient déjà obtenus sur d'autres rivages. Quand le temps est beau, l'at-mosphère calme, l'air des lagunes ne renferme pas traces de molécules salines en volatilisation. La mer devient-elle agitée, les flots sont-ils soulevés par la tempête, les premières couches d'air se chargent immédiatement et mécaniquement de gouttelettes d'eau de mer à peine pondérables, que les vents enlèvent à la vague jaillissante. En conséquence les avantages thérapeutiques qui pourraient résulter des conditions atmosphériques sont-ils nuls, puisque les malades n'ont point pour habitude de se promener sur les quais par les jours de tempête ou de grand

_________________

(1) Ouvrage cité.

vent. Néanmoins si l'air des lagunes ne contient pas plus que l'air océanique de molécules salines en évaporation, comme il jouit d'un pouvoir rayonnant bien inférieur à celui de l'air continental, la mer absorbant une partie des rayons solaires, il doit se produire à Venise comme en pleine mer, entre la température diurne et nocturne, des écarts et des transitions bien moins marqués qu'en plein continent. C'est ce que les tables de Schouw, ci-dessus indiquées, démontrent d'une manière évidente.

Enfin l'air des lagunes présente-t-il dans sa composition chimique des molécules d'iode et de brome provenant de la décomposition des plantes marines qui tapissent le fond des lagunes? Plusieurs auteurs ont conclu dans le sens de l'affirmative. M. le docteur Carrière semble pencher pour une opinion contraire. Quant à moi, n'ayant pas de données suffisantes pour me prononcer entre ces deux avis, je me contenterai de dire que, dès mon arrivée à Venise, mon odorat fut maintes fois frappé d'une odeur *sui generis* ne rappelant en rien celle de la mer. Cette odeur était surtout appréciable la nuit et le matin, quand je me promenais sur la lagune. D'autres personnes ont dû vraisemblablement constater comme moi le fait. D'où peut provenir cette odeur? Évidemment de la lagune et des substances que l'eau y tient en suspension. Pourquoi donc ne pas admettre qu'elle dérive de la décomposition de cette masse de confervoïdes qui flottent toutes chargées d'iode et de brome

au sein des eaux? En quoi répugne-t-il à la raison
de penser que de même que l'air ambiant des marais
d'eau douce peut se saturer de miasmes méphitiques
dont la fièvre est l'effet pathogénique, l'air des
lagunes ne puisse au même titre se charger d'effluves
iodurées et bromurées dont le rôle serait naturellement
thérapeutique? Il serait pourtant bien facile de vérifier ce fait, en imitant le mode d'expérimentation
suivi par M. le docteur Chatin dans ses recherches
sur la présence de l'iode dans l'air; il suffirait de
laisser en permanence au-dessus de la lagune, prin-
cipalement dans les heures qui précèdent le lever du
soleil, un petit appareil pourvu de papier à réactif
(papier amidonné, par exemple). En attendant que
l'analyse chimique prononce, il est une source d'indications non moins certaines à laquelle nous pour-
rons nous adresser; c'est le type constitutionnel de
l'indigène qui, à Venise comme dans tous les points
du globe, doit être la traduction fidèle du climat.

Qu'il me soit déjà permis de faire remarquer qu'on
n'observe pas de goîtreux à Venise.

Ce caractère d'étrangeté que Venise nous offre
dans la constitution de son sol, de son atmosphère,
elle le conserve à un degré plus marqué encore dans
la nature de ses eaux. Ainsi l'eau de la lagune, comme
le constatent les observations de MM. Namias, Tassinari et Carrière, emprunte à la multitude de plantes
marines qui flottent dans son sein des propriétés thérapeutiques variées. Pris en décoction, les algues

et les fucus seraient d'un puissant secours dans le traitement des affections strumeuses et tuberculeuses.

C'est donc, par le fait, au milieu d'une nappe d'eau *minérale* que flotte la ville des Doges; je crois qu'il est peu de villes qui aient cet heureux privilége.

C'est encore sous le rapport de l'aménagement de ses eaux potables que Venise constitue une ville unique dans son genre. Dépourvue d'eau de source, vu la constitution géologique de son sol formé d'alluvion, Venise a mis le ciel à contribution. Le Vénitien boit de l'eau de pluie. Des trois sortes d'eau potable qui sont à la disposition de l'homme, les eaux de source, de pluie et de puits, les premières sont incontestablement les meilleures, car elles tombent dépouillées de toute substance étrangère et saturées de globules d'air, par conséquent pures et digestibles, deux qualités précieuses que les eaux de source et de puits ne possèdent pas au même degré. Les premiers fondateurs de Venise, rendus ingénieux par l'aiguillon de la nécessité, songèrent à utiliser les eaux de pluie en creusant des citernes pour les recueillir. De tous les genres de citernes connus, et on sait qu'il en existe de plusieurs formes, soit en Orient, soit en Hollande, puisque cet usage était très-répandu dans l'antiquité, la citerne vénitienne est sans contredit la plus heureusement conçue. Quand on examine en détail la manière dont est établie la citerne à Venise et les mesures qui ont été prises pour soustraire l'eau de pluie à la contamination des

matières étrangères ambiantes, on reste en admira-
tion devant la sagacité et l'intelligence qui ont présidé
à leur mode d'installation. Laissons parler à ce sujet
M. Grimaud de Caux (1), qui nous en donnera une
explication bien plus exacte que je ne saurais le faire
moi-même. Les citernes du palais Ducal, dont Alber-
ghetti et Nicolo di Mario ont ciselé les margelles de
bronze, ont servi de type à sa description.

« Les matériaux constituants d'une citerne, » dit
M. Grimaud de Caux, « sont l'argile et le sable. On
» creuse le sol jusqu'à trois mètres de profondeur et
» plus. On donne à l'excavation la forme d'une pyra-
» mide tronquée dont la base regarde le ciel. On
» maintient le terrain environnant à l'aide d'un bâti
» en bon bois de chêne ou de larix, s'appliquant sur
» le sommet tronqué aussi bien que sur les côtés de
» la pyramide. Sur le bâti en bois on dispose une
» couche d'argile pure, bien compacte et bien liée,
» et dont on unit la surface avec un grand soin.

» L'épaisseur de cette couche est en rapport avec
» la dimension de la citerne; dans les plus grandes
» elle n'a pas plus de 30 centimètres. Cette épaisseur
» est suffisante pour résister à la pression de l'eau
» qui sera en contact avec elle, et aussi pour opposer
» un obstacle invincible aux racines des végétaux
» qui peuvent croître dans le sol ambiant. On re-

---

(1) Grimaud de Caux, *Comptes-rendus de l'Académie des sciences,*
t. II, p. 123.

» garde comme très-important de n'y point laisser
» de cavités où l'air puisse se loger.

  » Au fond de l'excavation, dans l'intérieur du
» sommet tronqué de la pyramide, on place une
» pierre circulaire, creusée au milieu en cul de
» chaudron, et on élève sur cette pierre un cylindre
» creux du diamètre d'un puits ordinaire construit
» avec des briques bien ajustées, celles du fond seu-
» lement étant percées de trous coniques. On pro-
» longe ce cylindre jusqu'au-dessous du niveau du
» sol, en le terminant par la margelle d'un puits.

  » Il y a aussi un grand espace vide entre le cylindre
» qui se dresse au milieu de l'excavation pyramidale
» et les parois de la pyramide, revêtues d'une couche
» d'argile reposant sur le bâti en bois. On remplit cet
» espace avec du sable de mer ou de rivière, bien
» lavé, dont la surface vient affleurer l'argile.

  » Avant de couvrir le tout avec du pavé, on dispose
» à chacun des quatre angles de la base de la pyra-
» mide une espèce de boîte en pierre, fermée par un
» couvercle également en pierre et percé de trous.
» Ces boîtes, appelées *Cassetoni*, se lient entre elles
» par un petit canal en briques sèches reposant sur
» le sable. Le tout est recouvert enfin par le pavé
» ordinaire, qu'on incline dans le sens des quatre
» orifices des angles des *Cassetoni*. L'eau recueillie
» par le toit entre par les cassetoni, pénètre dans le
» sable à travers les jointures des briques des petits
» canaux et vient se rassembler en prenant son niveau

» au centre du cylindre creux, dans lequel elle s'in-
» troduit par les petits trous coniques pratiqués au
» fond. Une citerne ainsi construite et bien entre-
» tenue donne une eau très-limpide, d'une grande
» fraîcheur, et la conserve parfaitement jusqu'à la
» dernière goutte. »

Après avoir lu cette description, on conviendra
qu'il serait difficile d'imaginer un système d'aménagement d'eaux potables plus ingénieux que celui que
nous offre la citerne vénitienne. On en compte 160
à Venise. De jeunes paysannes du Frioul, qu'on
nomme *Bigolante,* vont distribuer en ville, comme
nos porteurs d'eau à Paris, l'eau des citernes,
qu'elles puisent à l'aide de vases cylindriques en
fer-blanc. Coiffées d'un petit chapeau de feutre à
bords gracieusement relevés, les cheveux tressés en
nattes qui retombent sur le dos, la jupe courte, ces
jeunes montagnardes représentent par leur costume
pittoresque le dernier vestige des anciennes traditions.
Car dans cette malheureuse Venise, aujourd'hui spo-
liée de ses biens et courbée sous le joug de l'oppression,
le manteau de la misère couvre indistinctement nobles
et roturiers. Il n'est pas jusqu'à ces pauvres gondo-
liers, jadis formant une corporation brillante, dont
le costume n'ait subi les tristes destinées de la République. Aujourd'hui ces malheureux mercenaires
sont tous aussi prosaïquement vêtus que le dernier
des bateliers des ports de Marseille et de Livourne.

Les conditions météorologiques du ciel Vénitien

peuvent se résumer de la manière suivante : atmosphère calme et humide, température douce et égale. Ainsi constitué, le climat des lagunes doit naturellement être sédatif et hyposthénisant. Examinons si l'observation vient confirmer cette appréciation. « Il » en est de la nature du sol comme de celle des » hommes, » a dit Hippocrate (1), et appuyant cette loi d'un exemple, il met en parallèle les dispositions organiques qui caractérisent les habitants des rives du Phase (Colchide) avec la nature du pays où ils vivent. « Dans les contrées où le sol est marécageux, » chaud et humide, où les hommes passent leur vie » dans les marais, où ils ne marchent guère et na- » viguent dans leurs canots, les habitants sont grands » et pourvus d'embonpoint; ils ont le teint jaune » ictérique. » Et plus loin : « Les saisons n'éprouvant » point de grandes variations, étant habituellement » égales, ils sont naturellement portés à l'indolence, » et à la paresse (2). »

En lisant cette peinture physiologique que nous donne des Phasiens le vieillard de Cos, ne croirait-on pas avoir sous les yeux la photographie du Vénitien et de ses lagunes? En effet, comme l'habitant des rives du Phase, le Vénitien habite un sol marécageux, humide et chaud; ses rues étant des canaux, il marche rarement et passe sa vie dans sa gondole. D'une taille élevée, ses muscles sont mous

---

(1) Aphorisme 75, *Des airs, des eaux et des lieux*, Hippocrate.
(2) Aphorismes 84, 85, 116, *ibid.*

et relâchés et pourvus d'un embonpoint précoce.
Son teint est d'un blanc mât, ses cheveux sont noirs,
ses traits empreints de cette mélancolie rêveuse que
les Italiens désignent du nom de *morbidezza*. Comme
l'habitant du Phase, il est naturellement porté à la
nonchalance et à la paresse. Néanmoins là s'arrête
l'analogie entre les deux peuples, car cette mollesse
et cette indolence sont loin d'exclure en lui l'énergie
et la bravoure. Le Vénitien est courageux et éner-
gique à ses heures. Son histoire le prouve. Non
moins accessible aux nobles inspirations de l'art,
des sciences et des lettres qu'à l'esprit de conquête
et de commerce, le Vénitien a prouvé, par la large
part qu'il prit dans le grand mouvement intellectuel
et artistique qui se produisit au moyen âge en Italie,
que, si l'air énervant des lagunes pouvait enrayer son
énergie musculaire, il était sans effet sur l'activité
de son esprit. Sans parler des grands maîtres qui
s'illustrèrent dans les beaux-arts, tels que les Sca-
mozzi, les Sansovino, les Calendario, les Titien, les
Véronèse et les Tintoret, l'histoire de Venise n'a-
t-elle pas inscrit dans ses annales les noms des
géographes Marco-Polo, Ramnusio, du camaldule
Fra-Mauro, du théologien Scarpi, de Fracastor, le
médecin naturaliste, de Fallope et des Alde? A côté
de ces noms plébéiens ne pouvons-nous pas placer
les noms aristocratiques des Bragadino, des Fosca-
rini, des Cornaro, des Justitiani, des Mocenigo, qui
brillèrent, eux aussi, dans les lettres, et cela, en

un temps où dans le reste de l'Europe la noblesse féodale se faisait gloire de ne pas savoir signer? Pour arracher à cette nonchalante apathie dans laquelle l'air amollissant des lagunes tient en quelque sorte le Vénitien enchaîné, il suffit d'un événement accidentel, d'un motif souvent insignifiant en apparence. Irritable jusqu'à la fureur, généreux jusqu'à l'abnégation, doué d'une imagination vive et enthousiaste, le Vénitien nous offre tous les signes physiologiques d'un tempérament mixte, lymphatique et nerveux. Toutefois, il n'est pas rare de voir l'élément bilieux remplacer l'élément lymphatique et s'associer à la prédominance nerveuse, qui reste, dans tous les cas, immuable. Quant au système sanguin, on comprend aisément qu'avec des conditions climatériques aussi déprimantes, il ne saurait jouer qu'un rôle secondaire dans les dispositions organiques de l'habitant des lagunes. Les bons praticiens de Venise sont bien convaincus de cette vérité physiologique. Aussi MM. Namias et Carrière me disaient-ils que la saignée était fatale au Vénitien. Dans une maladie inflammatoire une évacuation sanguine peut bien juguler l'élément phlegmasique, mais le pouls ne se relévera plus, et le malade mourra plus tard de consomption. L'organisme du Vénitien manque donc de ressort, sa force de résistance est faible, et cette excitation nerveuse, qui pourrait au premier abord donner le change, est purement artificielle et ne repose point sur un fond réel de vitalité.

On le voit, le ciel des lagunes vient aussi donner raison à la loi formulée par Hippocrate : car cette alliance des deux éléments constitutionnels, concourant dans un juste balancement à former le tempérament du Vénitien, est bien incontestablement le reflet fidèle, la traduction exacte du climat de Venise où, comme je l'ai démontré, l'action énervante des vents du midi (Siroco) est constamment contre-balancée par les effets stimulants des influences boréales (Bora).

Le type de la Vénitienne m'a paru moins accentué que celui de l'homme : il est à peu de chose près celui des Italiennes du reste de la Péninsule. Comme l'homme, elles sont généralement grasses; elles sont plutôt blondes que brunes, justifiant assez exactement le dicton populaire : *Biondina e grasseta*. Mais quant à cette teinte délicate blond doré des cheveux, que l'on croit en France être un des caractères distinctifs des filles des lagunes, je déclare l'avoir vainement cherchée, et j'ai tout lieu de penser que cette nuance est plutôt une création fantaisiste du pinceau du Titien et du Véronèse qu'une réalité locale.

La connaissance des effets physiologiques d'un climat sur l'homme nous donne naturellement la clef des indications thérapeutiques de ce climat. Sédatif et hyposthénisant, l'air des lagunes devra évidemment convenir dans tous les états morbides où l'irritabilité nerveuse prédominera. En calmant l'excitation spasmodique, il deviendra par le fait

antiphlogistique, puisqu'il conjurera la manifestation de l'élément fluxionnaire qui, suivant l'adage :
*Ubi stimulus, ibi fluxus,* en est la conséquence
ordinaire.

Au nombre des maladies qui peuvent être avan-
tageusement modifiées par de semblables conditions
atmosphériques, la tuberculose est la première qui
se présente naturellement à l'esprit. J'estime que
l'indication sera plus précise quand la maladie
revêtira la forme dite *éréthique.* On sait, en effet,
qu'il existe deux modalités morbides sous lesquelles
la phthisie pulmonaire peut se manifester, et qui
puisent leur raison d'être dans les dispositions organiques qui caractérisent le tuberculeux. Ces deux
formes déjà signalées par les Allemands, et que le
premier j'ai contribué à vulgariser en France, sont
la forme *éréthique* et la forme *torpide* (1). Cette divi-
sion me paraît du reste la seule vraie, et la seule
véritablement philosophique; car elle repose sur
l'observation, différant en cela de quelques autres
tout récemment émises qui dénotent de la part de
leurs inventeurs plus d'imagination que d'esprit pra-
tique. Dans les cas de phthisie torpide, c'est-à-dire
quand le tubercule se trouve greffé sur ces constitu-
tions lymphatiques et languissantes dont la vitalité
prête à s'éteindre a besoin d'être réveillée et sou-

---

(1) *De l'action thérapeutique des Eaux-Bonnes dans la phthisie
pulmonaire,* docteur Ed. Cazenave, 1860.

tenue, on conçoit que l'air des lagunes, par son action énervante, ne saurait rendre des services bien marqués. Cependant il n'y a pas contre-indication absolue, surtout si le tuberculeux est de provenance septentrionale, et que l'observation climatérique, ne portant point exclusivement sur l'élément autochthone, s'étend aux étrangers. On comprend en effet que l'homme né dans les brouillards de la Hollande, ou au milieu des neiges de la Russie, subitement transporté sous le ciel lumineux des lagunes, ne saurait puiser au sein de cette chaude atmosphère, quelque énervante qu'on la suppose, une cause d'affaiblissement organique. La différence entre les deux milieux est évidemment trop tranchée, les aptitudes organiques que l'étranger apporte avec lui sous ce nouveau climat sont trop en désaccord avec celles qui caractérisent le Vénitien, pour qu'il soit permis de croire que l'influence climatérique s'exercera d'une façon identique sur l'indigène et sur l'habitant du Nord. En outre, les habitudes et les conditions hygiéniques au milieu desquelles vit l'étranger à Venise sont loin de ressembler à celles de la population indigène, surtout à celle des classes ouvrières. La plupart du temps mal logé, mal nourri, ne prenant pas suffisamment d'exercice, le Vénitien languit et s'étiole, perdant ainsi par insouciance, et souvent sous l'empire d'une dure nécessité, les bénéfices du climat dont Dieu l'a favorisé. Cette donnée climatologique que j'ai déjà développée ailleurs (1) m'a surtout paru saisissante de vérité à Gênes. Croirait-on que sous ce ciel resplendissant de lumière, au sein de cette atmosphère stimulante que tamisent de leur souffle fortifiant les vents du nord et les vents latéraux, la scrofule sévit et règne à l'état endémique dans la cité Ligurienne? Et pourtant le climat de Gênes est tout particulièrement recommandé, et avec succès, dans les affections lymphatiques et strumeuses.

On peut dire qu'il n'y a pas à proprement parler de maladie endémique à Venise. Comme dans les stations médicales les plus privilégiées, on y observe des affections organiques et fonctionnelles des voies respiratoires. Toutefois, les phthisiques vivent longtemps sous le ciel des lagunes; il est rare que la maladie y affecte la forme aiguë, et prenne la marche galopante. L'influence essentiellement sédative de l'air vénitien rend suffisamment compte de cette particularité nosographique. Cependant, au dire des médecins de Venise, il paraîtrait que les fièvres éruptives y sont fréquentes, la variole entre autres. Je me rappelle, en effet, avoir remarqué un très-grand nombre de varioleux dans la visite que je fis à l'hôpital de San-Juan y Paolo. Puisque ce nom se présente sous ma plume, je ne crois pas sortir de mon sujet en donnant ici une courte description de ce magnifique hôpital, peut-être le plus remarquable du monde,

_________

(1) Ouvrage cité. Ed. Cazenave.

sans en excepter celui de Milan, dont on connaît la beauté. Nos hôpitaux à Paris ne sauraient soutenir la plus lointaine comparaison; il est vrai que notre Assistance publique n'a pas comme à Venise des palais à sa disposition.

L'hôpital de San-Juan y Paolo, que M. le docteur Namias a bien voulu me faire visiter dans tous ses détails, est formé de la réunion de l'ancienne *École Saint-Marc*, d'un couvent de Dominicains et de l'ancien hospice *des Lépreux*. Il contient 1,200 lits. On y compte 30 grandes salles affectées au service de médecine et de chirurgie. Une aile des bâtiments est réservée à la section des aliénés, dont le nombre flotte entre 400 et 500. Ces salles sont aussi remarquables par l'étendue de leurs proportions que par les richesses artistiques dont les murs et la voûte sont couverts. Elles offrent pour la plupart de 12 à 15 mètres de hauteur, sur 10 à 12 de largeur. Elles sont pavées d'une sorte de béton formé par un cailloutis de marbre et de grès concassés empâté dans un mortier hydraulique. Ce genre de pavage a tout le poli et la dureté d'un dallage de marbre. Au nombre de ces salles, il en est deux d'une richesse d'ornementation des plus remarquables. L'une est la salle dite de la *Bibliothèque*, et la seconde, la *salle Saint-Marc*, dont la voûte et les murs sont ornés de fresques signées par les premiers artistes de l'école Vénitienne. Chaque salle contient environ une quarantaine de lits, séparés les uns des autres par un espace de 1™50. Les lits n'ont pas de rideaux. Le long de chaque lit se trouve une grande planche en bois pour préserver du froid les pieds des malades. La propreté règne dans l'intérieur de l'hôpital, et une grande régularité préside à la direction des services.

En résumé, je dirai donc que le climat de Venise peut rendre des services incontestables dans le traitement de la tuberculose; que généralement contre-indiqué dans la forme torpide, ce climat, par son action éminemment débilitante, ne peut que précipiter la marche de la maladie, une fois que le travail de la tuberculisation est entré dans la période de ramollissement ou que la caverne est formée. Par contre, l'air des lagunes devra surtout convenir dans la phthisie pulmonaire à forme éréthique, lorsque le tubercule en est encore à la période de crudité, soit en calmant l'irritation et modérant la fièvre, soit en conjurant la manifestation des congestions et des hémoptysies. L'observation a démontré à M. le docteur Carrière que le climat de Venise peut être d'un secours marqué dans la grande famille des affections nerveuses, dans les névroses des voies respiratoires, de l'encéphale et des viscères abdominaux, et dans ces états névropathiques vagues dont le siége est incertain. On conçoit le puissant concours que doivent prêter à l'action sédative du ciel des Lagunes le calme et le profond silence qui règnent dans cette ville étrange où les rues sont des canaux, où le roulement des voitures et le piétinement des chevaux sur le pavé sont remplacés par le clapotement de la vague et le bruit cadencé des rames. Certes, ce n'est point en vue de faire de la poésie ou de la couleur locale que je signale cette particularité de la vie vénitienne. Elle a une véritable portée médicale. Les habitants des grandes villes atteints de névralgies, et qui sont obligés de vivre au milieu du vacarme assourdissant des rues, en comprendront toute l'importance hygiénique. Enfin, au nombre des qualités que présente l'atmosphère de Venise, il en est une qui lui est toute particulière et de nature à être appréciée par des poitrines délicates et irritables: l'atmosphère de Venise est exempte de poussière.

Comme tous les climats nettement accusés, le climat Vénitien a sa contre-partie, celle qui découle de ses contre-indications. On a dû déjà pressentir que cet air mou et énervant ne saurait convenir toutes les fois qu'il y a amoindrissement de la vitalité, ou prédisposition aux hyperémies et aux congestions. Il sera également contre-indiqué dans les rhumatismes sous quelque forme qu'ils se présentent, et nuisible aux individus prédisposés aux collections séreuses. M. le docteur Carrière voit dans ce climat une contre-indication toutes les fois qu'il s'agit d'une affection des gros vaisseaux. Enfin, pour compléter ce rapide aperçu climatérique, je répéterai que la ville de l'Adriatique possède l'heureux privilége, à l'exclusion des îles environnantes, d'être à l'abri des fièvres paludéennes. L'innocuité de son atmosphère sous ce rapport est tellement bien établie, que les habitants de Murano, Palestrina, Brandolo, Chioggia et autres lieux voisins, viennent à Venise chercher la guérison des fièvres intermittentes qui ravagent leurs localités. On se rappelle que la constitution physique de la lagune nous a donné l'explication de cette immunité.

En étudiant les conditions atmosphériques de l'air de Venise, j'ai été frappé d'une analogie qui n'a point été encore signalée, et à laquelle l'observation clinique donne pleinement raison. Je veux parler de la similitude qui existe entre le climat des lagunes et celui de la ville de Pau. En effet, si l'on met en parallèle l'action physiologique et les indications cliniques qui distinguent le ciel de Venise avec les résultats observés par MM. les docteurs Clark (1) et Taylor (2) et consignés dans leurs ouvrages et ceux que j'ai moi-même publiés sur la cité Béarnaise (3), on reconnaîtra que ce rapprochement est parfaitement fondé. Ainsi, à Pau comme à Venise : 1° air humide et mou, température douce et égale. Résultante climatérique : effet sédatif sur l'organisme. 2° A Venise comme à Pau, mêmes indications cliniques : action médicatrice de l'atmosphère dans le traitement de la

---

(1) Clark, on climate.
(2) *Du climat de Pau.*
(3) *Appréciation climatérique de la ville de Pau.*

phthisie pulmonaire à forme éréthique, et à la première période; 3° dans les deux stations, indication précise, toutes les fois qu'il s'agit de combattre un état morbide où prédomine l'élément nerveux; contre-indication absolue dans les affections rhumatismales. Si je ne craignais d'abuser de la comparaison, je ferais également remarquer que l'analogie qui règne entre le climat de Venise et celui de Pau s'étend jusqu'au tempérament des habitants des deux stations médicales. Le Béarnais, comme le Vénitien, soumis à l'influence énervante de son climat, est naturellement porté à la nonchalance et à une sorte de paresse musculaire qui lui rendent le mouvement et l'exercice antipathiques; mais qu'il éprouve une émotion, cette apparente torpeur va immédiatement disparaître et faire place à une surexcitation nerveuse qui se traduira par une volubilité de paroles et une activité de gestes des plus accentuées. N'est-ce pas là le trait caractéristique du tempérament vénitien? Aussi le docteur de Valcourt me paraît-il être grandement dans l'erreur quand il nous dépeint le Béarnais comme un individu phlegmatique et insouciant (1). Un climat sous lequel sont nés et se sont développés des hommes comme Henri IV, le maréchal de Gassion, le roi Bernadotte, ne saurait, ce me semble, engendrer des

---

(1) De Valcourt, *De la climatologie des stations hivernales du midi de la France,* thèse, Paris, 1864,

natures phlegmatiques et amollies. Du reste je n'ai pas besoin de citer à l'appui de mon opinion ces trois grandes figures historiques, qu'on pourrait après tout regarder comme d'illustres exceptions; que M. de Valcourt prenne la peine d'aller à Pau, qu'il observe par lui-même cette population Béarnaise, et il reconnaîtra bien vite que j'ai quelque raison de ne point partager sa manière de voir.

Peut-être sera-t-on surpris de me voir aller jusqu'au pied des Pyrénées chercher mes termes de comparaison, quand non loin de Venise, sur les bords de l'Arno, se trouve Pise dont quelques auteurs tendent à rapprocher le climat de celui de Venise. Tel n'est pas mon avis. L'air de Pise peut être mou, énervant et sédatif, mais il est loin de présenter ces caractères climatériques au même titre que celui des lagunes. Doublement soustraite, par sa position topographique, aux influences stimulantes et toniques du nord et de ses dérivés, premièrement par la chaîne des Apennins, et ensuite par une enceinte de hautes murailles, la cité Pisane se trouve par le fait exclusivement accessible à l'action énervante des chaudes et humides haleines des vents du midi. Ainsi privé du correctif anémographique que l'atmosphère des lagunes emprunte au souffle excitant et sec du N. E., l'air de Pise doit être et est profondément accablant.

Les malades pourront séjourner avec avantage à Venise depuis la fin de l'automne, cette saison étant celle des pluies, jusqu'à la fin du printemps, l'été y étant extrêmement chaud. Ils chercheront à se loger autant que possible dans le quartier Saint-Marc, dans la rangée de palais et de maisons particulières qui se dressent en espalier le long du quai des Esclavons, ou qui ont vue sur le Grand Canal. Venise étant dépourvue de promenades ombragées, le malade choisira pour but de ses excursions quotidiennes la longue bordure du quai des Esclavons, des Zattere et le Ponte Lungo, quartiers que le soleil inonde tout le jour de ses rayons vivifiants et que l'Adriatique baigne de ses effluves tonifiantes. Ils éviteront tout particulièrement le Jardin des plantes qui se trouve situé à la pointe orientale de la ville. Bien que cette promenade soit un souvenir légué à la ville des Doges par la France, mon esprit national ne va pas jusqu'à m'empêcher de signaler aux malades cet endroit comme dangereux. Le sol en est constamment humide, et les vents froids et crus du N. E. et de l'E. y arrivent de première main.

Sa promenade achevée, le malade devra regagner sa demeure en gondole. C'est alors qu'il appréciera l'avantage hygiénique que lui offre ce singulier mode de transport, surtout si, pour rentrer chez lui, il est obligé de traverser le dédale de ruelles étroites et glacées qui avoisinent la place Saint-Marc.

Un mot sur ce genre de véhicule.

La gondole est la voiture du Vénitien. C'est le seul moyen de transport usité à Venise; car, de chevaux, je n'ai vu que les chevaux de bronze qui ornent le fronton de la basilique de Saint-Marc. La gondole est une barque de quinze à vingt pieds de long, incurvée à la proue et à la poupe; la proue est armée d'une large lame de fer dentelée de trois pieds de hauteur qui sert de mire : à l'arrière une petite cabine suffisamment large pour contenir quatre ou six personnes; mais beaucoup trop basse. Ces cabines sont toutes uniformément recouvertes d'un drap noir, quelle que soit la position sociale du propriétaire. D'une coupe svelte et élégante, ces barques glissent sans bruit et sans secousse à la surface de la lagune avec la rapidité de l'alcyon. On comprend les avantages hygiéniques que peut offrir ce mode de transport aux malades, quand, fatigués de la promenade par une température généralement assez élevée et toujours un peu lourde, le corps en moiteur, ils éprouvent le besoin de se reposer. Cette gondole qu'ils sont toujours sûrs de trouver sous leur main les ramène sans secousse et à l'abri de toute transition de température.

Il est malheureusement regrettable que le séjour à Venise soit si onéreux pour l'étranger, et que les malades soient dans l'obligation de payer fort cher le droit de jouir des avantages de ce beau ciel. Malades et touristes sont en effet, de la part d'une armée d'industriels qui se sont abattus sur Venise, l'objet d'une exploitation qui ne rappelle en rien la douceur du climat de l'antique cité des Doges.

Je ne poursuivrai pas plus avant cette étude. Je

crois avoir suffisamment insisté pour permettre au lecteur de se faire une idée exacte de l'étrange physionomie que présente le climat des lagunes. Si je ne me dissimule pas les imperfections d'une œuvre à laquelle manque peut-être l'autorité que donne une longue observation, j'ai du moins quelque droit d'espérer qu'en éveillant l'attention des médecins et des malades sur une station où tout respire le calme et la tranquillité, j'aurai pu rendre service à ces organisations inquiètes que dévore une surexcitation fiévreuse, à ces natures maladives et languissantes que minent de tristes préoccupations; les unes trouveront au milieu du profond silence qui enveloppe la reine déchue de l'Adriatique un calme réparateur, et les autres dans la contemplation de son glorieux passé l'oubli d'un présent douloureux.